essentials

essentials liefern aktuelles Wissen in konzentrierter Form. Die Essenz dessen, worauf es als „State-of-the-Art" in der gegenwärtigen Fachdiskussion oder in der Praxis ankommt. *essentials* informieren schnell, unkompliziert und verständlich

- als Einführung in ein aktuelles Thema aus Ihrem Fachgebiet
- als Einstieg in ein für Sie noch unbekanntes Themenfeld
- als Einblick, um zum Thema mitreden zu können

Die Bücher in elektronischer und gedruckter Form bringen das Expertenwissen von Springer-Fachautoren kompakt zur Darstellung. Sie sind besonders für die Nutzung als eBook auf Tablet-PCs, eBook-Readern und Smartphones geeignet. *essentials*: Wissensbausteine aus den Wirtschafts-, Sozial- und Geisteswissenschaften, aus Technik und Naturwissenschaften sowie aus Medizin, Psychologie und Gesundheitsberufen. Von renommierten Autoren aller Springer-Verlagsmarken.

Weitere Bände in der Reihe http://www.springer.com/series/13088

Beatrice Marie Ellerhoff

Mit Quanten rechnen

Quantencomputer für Neugierige

Beatrice Marie Ellerhoff
Institut für Umweltphysik
Universität Heidelberg
Heidelberg, Baden-Württemberg
Deutschland

ISSN 2197-6708 ISSN 2197-6716 (electronic)
essentials
ISBN 978-3-658-31221-3 ISBN 978-3-658-31222-0 (eBook)
https://doi.org/10.1007/978-3-658-31222-0

Die Deutsche Nationalbibliothek verzeichnet diese Publikation in der Deutschen Nationalbibliografie; detaillierte bibliografische Daten sind im Internet über http://dnb.d-nb.de abrufbar.

Planung/Lektorat: Lisa Edelhaeuser
Springer Spektrum ist ein Imprint der eingetragenen Gesellschaft Springer Fachmedien Wiesbaden GmbH und ist ein Teil von Springer Nature.
Die Anschrift der Gesellschaft ist: Abraham-Lincoln-Str. 46, 65189 Wiesbaden, Germany

Was Sie in diesem *essential* finden können

- Die Funktionsweise von Quantencomputern
- Eine anschauliche Erklärung von Quantenverschränkung
- Wie Quanten zum Rechnen verwendet werden können
- Die Herleitung von Quantenalgorithmen, einfach erklärt
- Die Verfahren und Bedeutung der Quantenfehlerkorrektur
- Aktuelle Herausforderungen und mögliche Anwendungen von Quantencomputern

Vorwort

Die Phänomene der Quantenmechanik faszinieren schon lange nicht mehr nur die Forschungswelt. Die bizarren Eigenschaften der winzigen Bausteine unsere Materie, genannt Quanten, wecken breite Neugierde: Ihre Nutzbarmachung hat das Potential, Quantencomputern mit einer Rechenleistung zu versehen, die exponentiell schneller ist als die der besten Hochleistungsrechner unserer Zeit. Daher ist ihre Entwicklung von großer Bedeutung für Forschung, Industrie und Gesellschaft. Das vorliegende Büchlein geht den Quantenphänomenen der Verschränkung und Überlagerung sowie der Frage, wie sie zum Rechnen verwendet werden können, auf den Grund. Es hat zum Ziel, lebendig und anschaulich ein Verständnis für die Vorgänge in Quantencomputern zu schaffen. Beginnend mit der Kodierung von Information, über die Erklärung einfacher Algorithmen, bis hin zu möglichen Anwendungen, freue ich mich darauf, die neugierigen Leserinnen und Leser durch die Welt des Quantenrechnens zu führen. Dieses Büchlein sei meinem Vater gewidmet, der die Neugierde für die Wissenschaft in mir geweckt hat. Ich bin sehr froh, als junge Forscherin die Chance zu erhalten, diese Begeisterung weiterzugeben und danke allen, die dabei mitwirken. Einen besonderen Dank möchte ich aussprechen an Tim Ellerhoff für die liebevolle Unterstützung und an Amelie Scupin, Bruno Faigle-Cedzich, Christopher Lance, Shirin Ermis und Uli Schünemann für das gründliche und kritische Lesen des Textes.

Heidelberg
Juni 2020

Beatrice Marie Ellerhoff

Die Phänomene der Quantenmechanik faszinieren schon lange nicht mehr nur die Fachphysiker. [illegible] Eigenschaften der winzigen [illegible] Materie [illegible] wegen ihrer [illegible] Verständnis für das Potential [illegible] Quantencomputern mit einer [illegible] zu wünschen, die [illegible] [illegible] von großer Bedeutung für [illegible] wissenschaftliche [illegible] Einblick in den Quantencomputer der Verschränkung und [illegible] sowie die Frage, wie sie zum Rechnen verwendet werden können [illegible] Verständnis [illegible] [illegible] Einführung [illegible] [illegible] durch [illegible] [illegible] Quantencomputers [illegible] [illegible] Quantencomputer [illegible] [illegible] Dank [illegible] Bruno [illegible]

[illegible] Beatrice Marie Ellerhoff

Juni 2020

Inhaltsverzeichnis

Über die Autorin

Foto: Ute von Figura

Beatrice Marie Ellerhoff ist Doktorandin am Institut für Umweltphysik in Heidelberg. Bereits während ihres Physikstudiums an der Universität Heidelberg schrieb sie für den Blog www.manybodyphysics.com und das Science Notes Magazin. Sie arbeitete vier Jahre lang als HiWi am Max-Planck-Institut für medizinische Forschung unter anderem in der Gruppe von Nobelpreisträger Stefan Hell. In ihrer Masterarbeit untersuchte sie die Verschränkung von vielen ultrakalten Quantenteilchen. Im Rahmen ihrer Promotion am Institut für Umweltphysik wendet sich Beatrice Ellerhoff nun der makroskopisch greifbaren Welt zu und erforscht die Grundlagen von Klimaschwankungen auf langen Zeitskalen in der Gruppe von Kira Rehfeld. Dabei fasziniert sie insbesondere die tiefe Verflechtung physikalischer Konzepte über einzelne Disziplinen hinweg. Neben der Forschung zählt Laufsport und Jazzpiano zu ihren großen Leidenschaften. Sie ist Stipendiatin der Heidelberger Graduiertenschule für fundamentale Physik.

Beatrice Marie Ellerhoff, Institut für Umweltphysik Heidelberg, Im Neuenheimer Feld 229, 69120 Heidelberg.

1 Einleitung

Aus physikalischer Sicht wurde das vergangene Jahrhundert wesentlich durch die Quantenmechanik geprägt. Neben Albert Einstein's Relativitätstheorie führte vor allem die Quantentheorie zu einem Paradigmenwechsel, der den wissenschaftlichen Blick auf die Gesetze der Natur grundlegend änderte. Seitdem Niels Bohr 1913 ein erstes Atommodell mit quantenmechanischen Eigenschaften vorgestellt hat, beschreiben Physikerinnen und Physiker die Welt der kleinsten Teilchen in der Sprache der Quantenmechanik. Energie und Materie liegen hierbei nicht kontinuierlich sondern stückweise „in Quanten" vor. Die Quantenmechanik geht sogar noch weiter, indem sie nicht alleine Strahlung sondern auch Materie als Wellen beschreibt – Lichtquanten sind Welle und Teilchen zugleich.

Diese moderne Physik schuf die Grundlage für eine Vielzahl neuer Errungenschaften. Von der Entdeckung grundlegender Prinzipien bis hin zu den ersten Anwendungen, wie etwa dem Laser, war es ein erstaunlich kurzer Weg. Nun bahnt sich ein weiterer „Quantensprung" an: In Zukunft sollen Quanten zur Informationsverarbeitung genutzt werden und so nie dagewesene Computerarchitekturen ermöglichen. Quantencomputer könnten die Rechenleistung heutiger Superrechner um ein Vielfaches überbieten und dadurch noch ungelöste Fragen, zum Beispiel im Bereich der Medikamentenentwicklung, beantworten. Heute arbeiten zahlreiche Forschungsgruppen und Unternehmen intensiv daran, diesen Quantencomputer aus seinen Kinderschuhen zu holen und versprechen sich neue Erkenntnisse für viele Bereiche der Industrie und Forschung.

B. M. Ellerhoff, *Mit Quanten rechnen*, essentials,
https://doi.org/10.1007/978-3-658-31222-0_1

Quantenrevolution 2

2.1 Quantenmechanik in unserem Alltag

Die klassische Physik begegnet uns täglich: Äpfel fallen von Bäumen herunter. Im Schein der Sonne steigt der Druck in einer Wasserflasche. Eine magnetische Kompassnadel richtet sich gen Norden aus. Diese Eigenschaften gehören zu physikalisch greifbaren, makroskopischen Objekten: den Äpfeln, der Flüssigkeit, der magnetischen Kompassnadel. Sie stellen ein Ensemble bestehend aus zahlreichen Atomen und Molekülen dar, deren mikroskopische Details nicht nötig sind, um die Eigenschaften des Ganzen zu beschreiben. Diese Vereinfachungen der sogenannten klassischen Physik sind oft sehr praktisch. Man stelle sich nur einmal vor, zur Berechnung des Druck in einer Gasflasche müsse das Verhalten jedes einzelnen Moleküls untersucht werden. Wie wir in diesem Buch sehen werden, lohnt es sich dennoch einen Blick in diese Welt der kleinsten Bausteine unserer Materie zu werfen!

Im Gegensatz zur klassischen Physik ist es die Aufgabe der Quantenphysik, diese Welt der Atome, Elektronen oder Lichtquanten (Photonen) zu beschreiben. Für die winzigen Quantenteilchen äußern sich die Naturgesetze völlig anders als in der klassischen Physik. Es ist schwer, sich die Eigenschaften der Quanten vorzustellen, in vielen Belangen kann man sie aber mit Wellen vergleichen. Mehrere von ihnen können sich überlagern, verstärken oder abschwächen. Zudem vermögen Quanten sich gegenseitig ausschließende Eigenschaften zu vereinen. So kann sich ein Quantenteilchen mathematisch gesehen an zwei Orten gleichzeitig befinden, da sein Aufenthaltsort nur an eine Wahrscheinlichkeit geknüpft und somit nicht fest-

B. M. Ellerhoff, *Mit Quanten rechnen*, essentials,
https://doi.org/10.1007/978-3-658-31222-0_2

gelegt ist[1]. Diese quantenmechanischen Erkenntnisse sind in ihrer Komplexität mit unserem Verstand kaum begreifbar.

Trotz dieser Komplexität nutzen wir die rätselhaften quantenmechanischen Eigenschaften täglich. Das wohl bedeutendste Beispiel ist der Laser. Er findet universelle Anwendung in der Industrie und Medizin. Weiterhin beruhen Röntgendiagnostik und Kernspintomographie ebenso auf Quanteneffekten wie jene moderne Halbleitertechnik, die sich in jedem Smartphone befindet. Nicht zuletzt basieren Leuchtdioden (LEDs) auf Quantenphysik und die Reihe bahnbrechender Quanten-Errungenschaften des letzten Jahrhunderts ließe sich noch lange fortsetzen. Aus diesem Grund sprechen Experten von der ersten Quantenrevolution, welche dadurch gekennzeichnet ist, dass Quanteneffekte genutzt werden, um neue Technologien zu ermöglichen[2].

Aktuell arbeiten Forscherinnen und Forscher an der Verwirklichung einer zweiten Quantenrevolution [3]. Diese soll auf der Nutzbarmachung von Quanten als Informationsträger und somit auf der Konzeption eines neuartigen Recheninstruments, dem Quantencomputer basieren. Einzelne Staaten und auch die Europäische Union investieren massiv in ihre Entwicklung. Zahlreiche Forschungsgruppen sowie große IT-Konzerne haben sich dem Wettlauf angeschlossen.

Erstaunlicherweise stand am Anfang nicht bloß die Idee, Quanten als Recheneinheiten zu nutzen und dadurch einen Computer zu bauen. Vielmehr lautete die Frage: „Wie kann die komplizierte Welt der Quanten mithilfe von Computern besser verstanden werden?“ Bereits vor über vierzig Jahren bemerkte der Physik-Nobelpreisträger Richard Feynman in seinem Vortrag „Simulating physics with computers“, dass Berechnungen der Quantenwelt für normale Computer zu kompliziert sind. Wie wir bereits festgestellt haben, ist es aussichtslos, das Verhalten aller Moleküle in einer Gasflasche zu verstehen. In ähnlicher Weise wie unser Verstand mit der Komplexität der Quantenmechanik überfordert ist, so sind es auch die heutigen Rechenzentren (Abb. 2.1). Richard Feynman kam dadurch auf eine revolutionäre Idee: Könnte man nicht die Quanten selber nutzen, um neue Computer zu bauen? Mit anderen Worten, ließen sich Computer bauen, deren Funktionsweise auf den Prinzipien der Quantenmechanik beruhen und welche durch diese Ähnlichkeiten in der Lage sind, Quanten-Probleme zu lösen?

Richard Feynman könnte Recht behalten. Erste Prototypen eines Quantencomputers sind in den vergangenen zwei Jahrzehnten entstanden (Abb. 2.2). Sie pro-

---

[1] Das Doppelspalt-Experiment, bei dem ein einzelnes Elektron zwei Schlitze aufgrund seiner Welleneigenschaften gleichzeitig durchdringt, ist eine eindrucksvoller Demonstration dieser Eigenschaften [8].

[2] Die Natur hat es dabei der Menschheit schon lange voraus, Quanteneffekte zu nutzen. Beispielsweise beruht der chemische Prozess der Photosynthese, in welchem Lichtenergie in chemisch gebundene Energie umgewandelt wird, auf Quanteneffekten.

Abb. 2.1 Klassische Supercomputer lösen heutzutage schwierige Aufgaben aus Industrie und Forschung. Diese Grafik zeigt den Entwurf des „Hochleistungsrechner Karlsruhe" (kurz „HoreKa"), welcher voraussichtlich 2021 zu den zehn leistungsfähigsten Rechnern Europas gehören wird. Er bringt eine Rechenleistung von mehr als 150.000 Laptops mit. Doch selbst für diese „Supermaschinen" ist manch eine Aufgabe zu schwierig. Hier könnten zukünftige Quantencomputer ins Spiel kommen. (Quelle: KIT Steinbuch Centre for Computing (SCC), Informationstechnologie-Zentrum am Karlsruher Institut für Technologie (KIT), www.scc.kit.edu)

phezeien das Lösen von Problemen, für welche heutige Supercomputer zu langsam sind. Dazu gehört das Verständnis von chemischen Reaktionsketten und der Aufbau komplexer Moleküle, das Durchsuchen und Auswerten großer Datenmengen, die Beschreibung von Phänomenen in der Wetterforschung, sowie das Verschlüsseln von Kommunikation. Der Einzug der Quantenmechanik in unseren Alltag könnte damit fortschreiten.

Abb. 2.2 Quantencomputer sehen nicht wie Computer aus, sondern gleichen einem Gewirr aus allerlei physikalischen Instrumenten, darunter Laser und Vakuumpumpen. Diese werden benötigt, um die Quantenteilchen zu kontrollieren, zu steuern und dadurch zum Rechnen verwenden zu können. (Quelle: IQOQI Innsbruck / M. R. Knabl)

2.2 Unvorstellbares Rechenpotential

Doch was genau macht das Rechnen mit Quanten so faszinierend? Wieso hat ein einzelner Quantencomputer das Potential, Aufgaben zu lösen, an denen heute ganze Rechenzentren scheitern?

Mithilfe von Quanten zu rechnen ist ein wenig, wie eine Bigband zu dirigieren. Die Dirigentin oder der Dirigent führt durch das Stück. Jedes Instrument, von der Trompete bis zum Saxophon, folgt hierbei seiner eigenen musikalischen Linie. Der Klang entsteht durch das Zusammenspiel der Instrumente und der Überlagerung aller Töne. Die Melodie eines einzelnen Instrument klingt dabei mitunter unlogisch oder gar langweilig und lässt das Hauptwerk kaum erkennen. Manchmal kommt es zu einer Improvisation. Dann begleitet die Rhythmusgruppe aus Bass, Schlagzeug, Gitarre und Klavier ganz spontan ein Soloinstrument. In diesem Moment entsteht die Musik alleine dadurch, wie die Musizierenden aufeinander reagieren. Der Groove kommt nicht durch das Erklingen eines einzelnen Instrumentes, sondern durch die Verflechtung vieler Harmonien, Rhythmen und Melodien zu Stande. In der Überlagerung und dem Wechselspiel der Instrumente liegt also die wahre musikalische Information verborgen.

Gleichermaßen verhält es sich mit der Informationsverarbeitung in Quanten-Netzwerken. Quantencomputer können mehrere Rechenschritte simultan durchführen, so wie die Melodie der Trompete parallel zu der des Saxophons verlaufen kann oder mehrere Saiten der Gitarre gleichzeitig erklingen. Ähnlich wie der Höreindruck aus dem Zusammenklingen vieler Töne entsteht, ist die Information in der Überlagerung der Quantenzustände enthalten. Durch die ständige gegenseitige Beeinflussung der Quantenbits (Qubits) rechnen Quantencomputer mit allen Einheiten zur gleichen Zeit. Das folgenden Kapitel bespricht, was dies aus Sicht der Quantenmechanik bedeutet und wie Quantenalgorithmen programmiert werden können.

Einen Haken hat die Sache jedoch: Man kann weder von einem Quantencomputer noch von dem improvisierenden Musiker erfahren, was er oder sie in dem Moment eigentlich tut. Wird die Solistin oder der Solist bei der Improvisation gestört, schleichen sich Fehler ein, andere Musizierende werden aus dem Takt gebracht und die ganze Aufführung ist zu Nichte. Auch in den Quanten-Netzwerken pflanzen sich Fehler rasend schnell fort, sodass jede kleine Störung die Rechnung abbrechen kann. Das macht Quantencomputer sehr fragil und schwer zu kontrollieren, was derzeit die größte Herausforderung darstellt. Viele Forschungsgruppen konzentrieren sich alleine darauf, wie Fehler vermieden oder korrigiert werden können.

Was aber sind die Instrumente der Quantencomputer? Aus welchen Elementen ist die Quanten-Bigband aufgebaut? Anders als bei herkömmlichen Computern, die fast ausschließlich aus elektronischen Halbleiterbauelementen zusammengesetzt sind, ist es noch nicht entschieden, woraus die Quanten-Hardware der Zukunft besteht. Manche Quantencomputer beruhen auf elektrisch geladenen Atomen (Ionen) nahe dem absoluten Gefrierpunkt ($-273,15$ Grad Celsius). Sie können aber auch auf Supraleitern basieren, die den Strom widerstandslos transportieren. Darüber hinaus gibt es vielfältige Ansätze mit einer Reihe anderer Quantenteilchen wie Elektronen, Photonen oder Anyonen. In Kap. 4 geben wir einen Überblick über vielversprechende Ansätze für die technische Umsetzung von Quantencomputern. Es bleibt somit abzuwarten, welche dieser Techniken sich durchsetzen wird und bis dahin unklar, wie die Quanten-Musik der Zukunft klingen mag.

Grundbausteine des Quantenrechnens 3

3.1 Von Bits zu Quantenbits

Die gesamte Information der digitalen Welt, angefangen beim Taschenrechner bis hin zur Steuerungssoftware von Flugzeugen, weist eine simple Gemeinsamkeit auf: Sie lässt sich durch Sequenzen von Nullen und Einsen darstellen. Diese Sprache heutiger Computer ist aus den sogenannten Bits („binary digits", „binäre Ziffern"), also den Zahlen „Null" und „Eins", aufgebaut. Die beiden möglichen Werte eines Bits schließen sich gegenseitig aus, wie „ja" oder „nein", „Nord" oder „Süd", oder wie ein Lichtschalter, der entweder „an" oder „aus", aber niemals beides zur gleichen Zeit sein kann. Das Bit stellt somit die elementare Informationseinheit dar und dessen Änderung den kleinst möglichen Rechenschritt der herkömmlichen Datenverarbeitung.

Das schrittweise Speichern und Weitergeben von Nullen und Einsen kann jedoch unter Umständen große Mengen an Computerressourcen erfordern. Allein um das Wort „Hallo" zu speichern, werden 35 Bits eines normalen Computers überschrieben. Je komplexer die Aufgabe, desto größer ist der benötigte Speicherplatz und die notwendige Rechenpower. So ist das Auswerten großer Datensätze in der künstlicher Intelligenz ein solcher Fall, der schon heute in Superrechenzentren ausgelagert wird. Dort verbrauchen diese Prozesse jede Menge Strom und benötigen mitunter Tage, Wochen oder gar Monate für Berechnungen. Manche Probleme, wie etwa das Entschlüsseln von Molekülstrukturen, können sogar von diesen Computern nicht exakt gelöst werden.

Gleichzeitig vermuten manche Experten, dass der Trend, Computerchips immer kleiner zu produzieren und dabei gleichzeitig deren Leistungsfähigkeit weiter zu erhöhen, limitiert ist [13, 14]. Schon heute sind Transistoren, welche in Computerchips verbaut werden, kaum größer als 10 Nanometer – ein Bruchteil einer

B. M. Ellerhoff, *Mit Quanten rechnen*, essentials,
https://doi.org/10.1007/978-3-658-31222-0_3

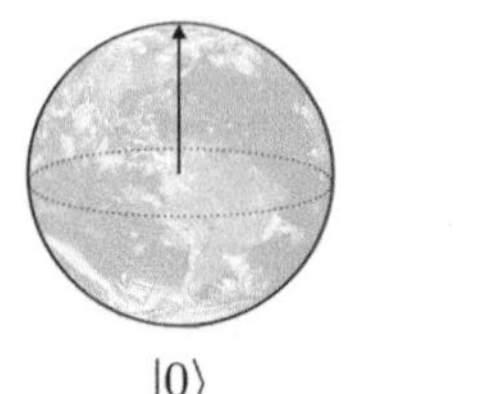

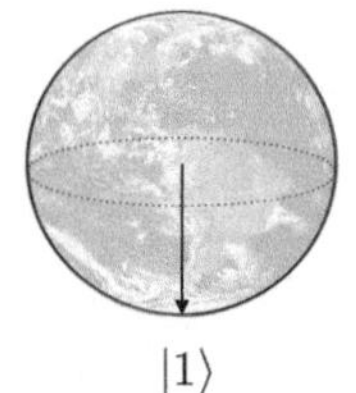

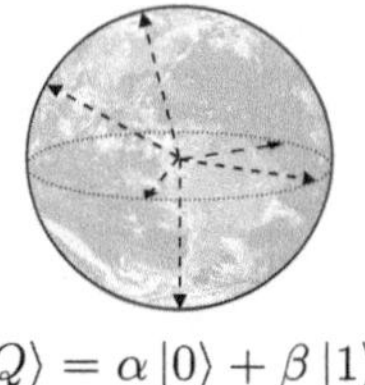

$|0\rangle$ $|1\rangle$ $|Q\rangle = \alpha\,|0\rangle + \beta\,|1\rangle$

Abb. 3.1 Ein Quantenbit $|Q\rangle$ kann jede beliebige Überlagerung zwischen „Null" $|0\rangle$ und „Eins" $|1\rangle$ annehmen. Bildlich gesprochen kann es auf der Erdkugel nicht nur in Richtung „Nord" oder „Süd" sondern auch zu jedem Punkt auf der Erdoberfläche zeigen. (Quelle: Eigene Darstellung)

Körperzelle. In diesem Bereich gelten ganz andere Gesetze. Ist die Größe von Molekülen und Atomen erst einmal erreicht, spielen Quanteneffekte, insbesondere ihre Welleneigenschaften, eine entscheidende Rolle. Sie sind beim Bau von herkömmlichen Computerchips eher hinderlich, da sie die elektronischen Schaltkreise stören. Quantencomputer könnten hier in Zukunft Abhilfe schaffen, indem sie versprechen, die heutigen Rechenkapazitäten um ein Vielfaches zu überbieten.

Quantenrechner basieren, ebenso wie ihr klassisches Pendant, auf den Zuständen „Null" und „Eins". Diese werden jedoch in Teilchen mit quantenmechanischen Eigenschaften, wie beispielsweise Atomen, Elektronen oder Photonen (siehe Abschn. 4.1), kodiert und Quantenbits (Qubits) genannt. Nach den Gesetzen der Quantenmechanik nimmt ein Qubit nicht nur die absoluten Werte „Null" oder „Eins" an. Diese Zustände können sich zusätzlich überlagern. Das Qubit liegt dann in einer Mischung aus „Null" und „Eins" vor. Es kann somit nicht nur den Wert „Null" oder „Eins", sondern auch alle (unendlich vielen) Zustände dazwischen annehmen.

Man kann sich diese Überlagerung (Superposition) anhand der Erdkugel vorstellen (Abb. 3.1). Die Quantenzustände „Null" und „Eins" entsprechen den gegensätzlichen Polen „Nord" und „Süd" [12]. Während ein klassisches Bit nur den Zustand „Nord" oder „Süd" repräsentiert, kann ein Quantenbit (mit $|Q\rangle$ gekennzeichnet) zu jedem Punkt der Erdkugel zeigen, indem es eine Überlagerung aus „Nord" und „Süd" annimmt.

Die für die Quantenmechanik typische Schreibweise in Form von Klammern $|\cdot\rangle$ wird als Dirac-Notation bezeichnet[1]. Der Zustand eines Qubits, also die Überlagerung aus „Nord" $|0\rangle$ und „Süd" $|1\rangle$, lässt sich dann wie folgt ausdrücken:

$$|Q\rangle = \alpha\,|0\rangle + \beta\,|1\rangle$$

[1] Diese Notation geht auf den Physik Nobelpreisträger Paul Dirac (1902–1984) zurück.

α und β sind (im Allgemeinen komplexe) Zahlen, welche den Anteil an $|0\rangle$ und $|1\rangle$ bestimmen. Sie liefern die Information über Länge und Winkel des Pfeils, welcher den Zustand des Qubits auf der Kugel anzeigt. Wichtig ist, dass dieser Zustand bildlich gesprochen auf der Oberfläche der Erdkugel liegt und somit die Normierung $|\alpha|^2 + |\beta|^2 = 1$ nach dem Satz des Pythagoras erfüllt. Genau dann zeigen nämlich $|\alpha|^2$ und $|\beta|^2$ die Wahrscheinlichkeit an, den jeweiligen Zustandes $|0\rangle$ und $|1\rangle$ zu finden. Ein zulässiger Qubit-Zustand ist beispielsweise $|+\rangle = \frac{1}{\sqrt{2}}\,|0\rangle + \frac{1}{\sqrt{2}}\,|1\rangle$. Er besteht zu gleichen Teilen aus $|0\rangle$ und $|1\rangle$. Auf der Erdkugel entspricht dies einem Pfeil in Richtung des Äquators (vgl. Abb. 3.2). Analog zum Zustand $|+\rangle$ gibt es auch eine Überlagerung $|-\rangle = \frac{1}{\sqrt{2}}\,|0\rangle - \frac{1}{\sqrt{2}}\,|1\rangle$, welche sich nur durch das Minus-Zeichen unterscheidet und am Äquator in die umgekehrte Richtung zeigt.

Um in Erfahrung zu bringen, welchen Wert ein Qubit mit welcher Wahrscheinlichkeit besitzt, müssen Messungen durchgeführt werden. Diese Prozess kann man sich so vorstellen, dass das Qubits durch eine Schablone betrachtet wird (Abb. 3.3) [7]. Schaut man sich so den $|+\rangle$-Zustand an, wird man in der Hälfte der Fälle „Nord“ und in der anderen Hälfte „Süd“ feststellen, da $|\alpha|^2 = 50\,\%$ und $|\beta|^2 = 50\,\%$ die Wahrscheinlichkeiten angeben, den Qubit-Wert „Nord“ oder „Süd“ zu finden. Durch die Schablone „kollabiert“ der Überlagerungszustand $|+\rangle$ somit in einen der beiden möglichen Werte.

Während ein klassischer Computer nur mit binären Ziffern rechnet, rechnet ein Quantencomputer mit Wahrscheinlichkeiten, welche durch quantenmechanische Überlagerungen zustande kommen. Ein Rechenschritt bringt dabei das Qubit von einer Überlagerung zur nächsten. Solange der Qubit-Wert nicht gemessen wird, bleibt dieser unbestimmt und mehrere Rechenpfade können gleichzeitig ablaufen. Dieses Vorgehen ist bereits wesentlich effizienter als der Informationsaustausch zwischen herkömmlichen Bits.

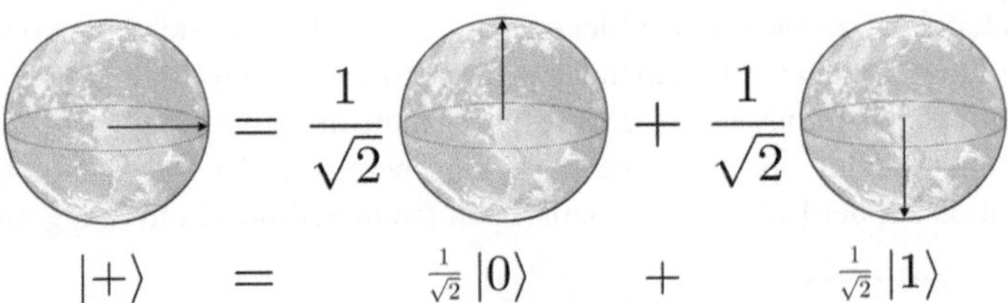

Abb. 3.2 Eine perfekte Überlagerung aus $|0\rangle$ und $|1\rangle$ entspricht dem Quantenzustand $|+\rangle$ und deutet auf der Erdkugel in Richtung des Äquators. (Quelle: Eigene Darstellung)

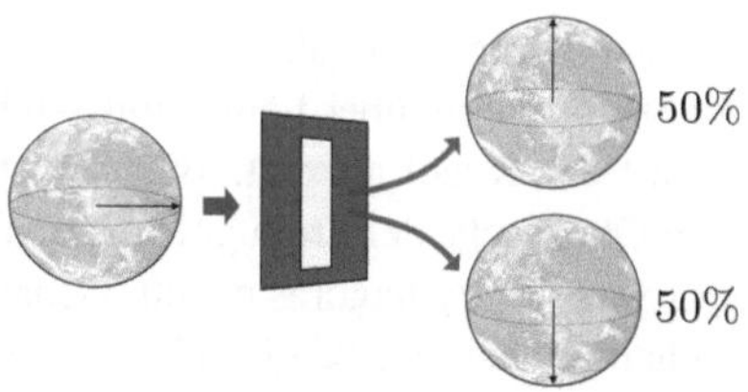

Abb. 3.3 Misst man den „Äquator“-Zustand $|+\rangle$ entlang der Nord-Süd-Achse, so erhält man mit gleicher Wahrscheinlichkeit das Messergebnis „Nord“ oder „Süd“. (Quelle: Eigene Darstellung)

Doch eine weitere quantenmechanische Eigenschaft steigert das Potential des Quantencomputers ungemein: Das Phänomen der Verschränkung. Es ermöglicht den Mitgliedern eines Qubit-Netzwerkes sich gegenseitig wie durch eine Art innere Kopplung zu beeinflussen. Dadurch ist der Quantencomputer im Kern ein Zustand von sich überlagernden und gegenseitig abhängigen Qubits. Wie wir im folgenden Kapitel sehen werden, gibt solch ein Quantencomputer die Information nicht mehr nur von Bit zu Bit weiter. Stattdessen rechnet er mit allen Qubits zur gleichen Zeit. Dies verschafft ihm, zumindest theoretisch, einen entscheidenden Vorteil gegenüber heutigen Computern.

3.2 Quantenvorteil durch Verschränkung

Verschränkung gilt als das charakteristische Phänomen der Quantenwelt. Schon früh haben sich Persönlichkeiten[2] wie Erwin Schrödinger, Albert Einstein, Werner Heisenberg oder Niels Bohr den Kopf darüber zerbrochen. Denn die Verschränkung scheint gegen alle bis dato geltenden Naturgesetze zu verstoßen. Sie ermöglicht Quantenteilchen, beispielsweise Elektronen, wie durch ein unsichtbares Band über beliebig lange Distanzen miteinander verbunden zu sein und sich augenblicklich gegenseitig zu beeinflussen. Albert Einstein nannte dies eine „spukhafte“ Fernwirkung. Rund 80 Jahre später ist die Forschung bereits in der Lage, Photonen von einer Station auf der Erde bis zu einem Satelliten in 1200 km Entfernung miteinan-

[2] Zwischen den aufgezählten Männern fand eine rege Debatte über die Grundfeste der Quantenmechanik statt. Aber gab es nur bekannte männliche Vordenker? Marie Curie ist hier als herausragende Physikerin dieser Zeit zu nennen, war in diese Debatte jedoch nicht involviert und legte andere Schwerpunkte in ihrer Forschung. Lucy Mensing war eine Pionierin der Quantenmechanik, deren Karriere zu früh endete. Eine Antwort bedarf auch eine Untersuchung der Benachteiligung von Frauen in der Wissenschaft [15].

der zu verschränken [20]. In solch einem Experiment „weiß“ das Teilchen auf der Erde, welche Eigenschaften das weit entfernte Gegenüber besitzt. Wenn dies nun eine Erdbewohnerin oder ein Erdbewohner erfahren möchte, genügt es aufgrund der Verschränkung lediglich das Teilchen auf der Erde zu messen.

Ebenso verhält es sich mit den Qubits eines Quantencomputers. Betrachten wir als Beispiel ein verschränktes Qubit-Paar

$$|Q_A, Q_B\rangle = \frac{1}{\sqrt{2}}(|0, 0\rangle + |1, 1\rangle)\,. \tag{3.1}$$

Dies ist eine Überlagerung aus zwei Zuständen, in denen je beide Teilchen integriert sind. In dem ersten Zustand besitzen beide Qubits den Wert „Null“ $|0, 0\rangle$, in dem zweiten besitzen sie den Wert „Eins“ $|1, 1\rangle$. Dies ist ein sogenanntes Bell-Paar, welches den höchsten Grad an Verschränkung aufweist. Das Wissen über ein einzelnes Qubit reicht hierbei aus, um den Zustand des zweiten Qubits zu erfahren [2].

In einem Experiment kann dies wie folgt realisiert werden: Wenn Physikerinnen und Physiker partout feststellen wollen, welchen Wert das Bell-Paar $|Q_A, Q_B\rangle$ zum Messzeitpunkt besitzt, muss sich dieses zwischen der Überlagerung aus $|0, 0\rangle$ und $|1, 1\rangle$ entscheiden. Diese Entscheidung wird durch die Messung an einem einzelnen Qubit erzwungen und kann erneut mit der Betrachtung durch eine Schablone verglichen werden (Abb. 3.4). Auch wenn nur das Qubit A durch die Messung in einen Zustand gezwungen wird, nimmt B augenblicklich den gleichen Wert an, selbst

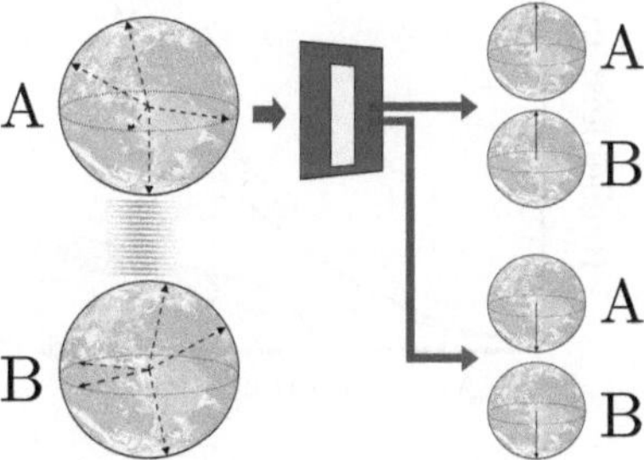

Abb. 3.4 Die Messung eines Qubits A, welches mit B verschränkt ist, deckt nicht nur den Wert von A sondern auch den Wert von B auf. Selbst wenn das Qubit B weit entfernt ist und die Schablone nicht sieht, ändert sich durch die Messung der Wert des verschränkten Gegenübers augenblicklich. In diesem Beispiel wird der Bell-Zustand $|Q_A, Q_B\rangle = \frac{1}{\sqrt{2}}(|0, 0\rangle + |1, 1\rangle)$ mit gleicher Wahrscheinlichkeit in seine Bestandteile $|0, 0\rangle$ und $|1, 1\rangle$ zerlegt. (Quelle: Eigene Darstellung)

wenn B unendlich weit entfernt ist. Hierin liegt der Kern der Verschränkung: Die Information ist in allen verschränkten Qubits enthalten und die Veränderung eines einzelnen beeinflusst sogleich alle anderen.

Dieser ständige Informationsaustausch lässt die Rechenkraft von Quantencomputern bei bestimmten mathematischen Problemen stark ansteigen. Die Informationsweitergabe von Bit zu Bit, die bei klassischen Computern für einen Rechenschritt nötig ist, wird durch die Verschränkung hinfällig, da alle Qubits den Rechenschritt gleichzeitig vollziehen. Das Netzwerk verfügt dadurch über mehr Information als die Summe seiner Teile. Je mehr Elemente das Netzwerk umfasst, desto mehr Zustände können simultan verarbeitet werden und desto leistungsstärker ist der Quantencomputer. Verwendet man ein Qubit-Paar anstelle eines einzelnen Qubits, so verdoppelt sich die Leistung. Mit zehn Qubits wird die Rechenkraft bereits um mehr als 1000-fach gesteigert. Man spricht hierbei von einem exponentiellen Anstieg. Quantencomputer mit nur ein paar Dutzend Qubits weisen dadurch eine im Vergleich zu gängigen Computern unvorstellbar höhere Effizienz auf (siehe Abb. 3.5). Ein Quantencomputer mit circa 50 Qubits kann somit, zumindest in der Theorie, die

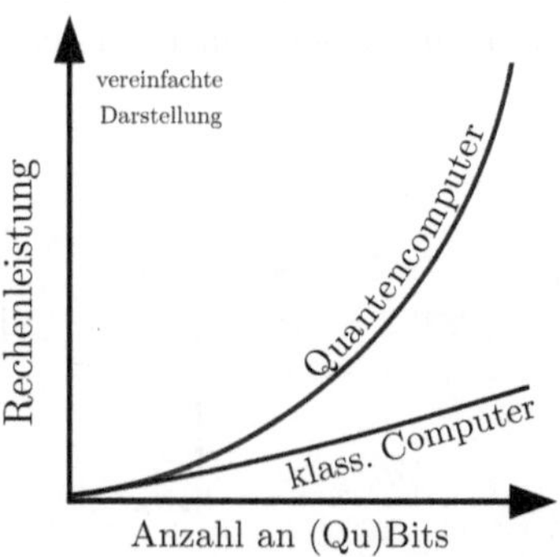

Abb. 3.5 Die Rechenleistung von Quantencomputern überragt zumindest in der Theorie die von herkömmlichen Computern. Anders als bei herkömmlichen Rechnern steigt sie exponentiell und nicht linear mit der Anzahl an Bits. Seitdem Google im Jahr 2019 demonstrierte, dass ein Quantencomputer eine ganz bestimmte Aufgabe schneller als ein Superrechner lösen konnte, streiten Experten darüber, ob die Überlegenheit auch technisch bereits bestätigt wurde [1, 16]. Es bleibt somit unklar, ob und falls ja, für welche Art von Aufgaben, Quantencomputer eines Tages einen exponentielle Vorsprung an Rechenleistung liefern werden. (Quelle: Eigene Darstellung)

Rechenkraft heutiger Superrechenzentren überbieten. Dieses enorme Rechenpotenzial ist den bizarren Eigenschaften von Quanten zu verdanken. Jedoch erschweren die gleichen Eigenschaften auch das Verstehen der komplexen Vorgänge in Quantencomputern.

3.3 Quantengatter und -algorithmen

Nachdem die kleinsten Recheneinheiten (Qubits) und die Kommunikation zwischen diesen beschrieben wurden, geht es im Folgenden um die Informationsverarbeitung. Auf herkömmlichen Computern werden Rechenprobleme, wie beispielsweise das Durchsuchen einer Datenbank, durch Algorithmen, welche die einzelnen Rechenschritte zusammenfassen, gelöst. Auf einem Computerchip werden diese Rechenschritte durch sogenannte Logikgatter verarbeitet, indem sie die Zustände einzelner Bits ändern. Gatter sind vergleichbar zu Rechenvorschriften wie „Plus (+)" oder „Gleich (=)". Analog zu einer handschriftlichen Rechnung, die aus anfänglichen Zahlen, Rechenzeichen und einem Ergebnis aufgebaut ist, besteht eine digitale Rechnung (Algorithmus) aus Eingangs-Bits, Gattern und Ausgangs-Bits. Diese Algorithmen laufen auf jedem Laptop permanent im Hintergrund. Die Gatter, also Rechenvorschriften, werden hierbei durch Bauelemente wie Transistoren umgesetzt.

In ähnlicher Weise rechnet ein Quantenalgorithmus mit Qubits und Quantengattern auf Quantencomputern. Quantengatter sind im Gegensatz zu den klassischen Logikgatter keine Bauelemente. Vielmehr stellen sie eine zeitlich steuerbare Wechselwirkung der Qubits untereinander oder mit der Umgebung dar, beispielsweise durch eine Messung. Sobald man sich die Funktionsweise der Gatter einmal vertraut gemacht hat, lässt sich mithilfe von Quanten wie durch Zauberhand rechnen. Im Folgenden wollen wir dies für ein paar einfache Quantenalgorithmen tun.

Beispiel 1: Verschränkung zweier Qubits

Das Hadamard und das Controlled-NOT-Gatter, oder kurz CNOT-Gatter, stellen die wichtigsten Quantengatter dar. Sie verschränken Qubits immer wieder miteinander – ein Vorgang, der permanent zum Rechnen benötigt wird, um dieses effizient zu gestalten. Ein Beispiel für einen einfachen Quantenalgorithmus ist das Verschränken zweier Qubits, wie das Erzeugen eines Bell-Paars $|Q_A, Q_B\rangle = \frac{1}{\sqrt{2}}(|0, 0\rangle + |1, 1\rangle)$. Das Hadamard-Gatter hat hierbei die Aufgabe den Zustand eines Qubits von einer reinen „Null" oder „Eins" in eine Mischung, welche zu gleichen Teilen aus „Null" und „Eins" besteht, zu überführen. Bildlich gesprochen wandert somit der Pfeil auf der Erdkugel an den Äquator (siehe Abb. 3.6).

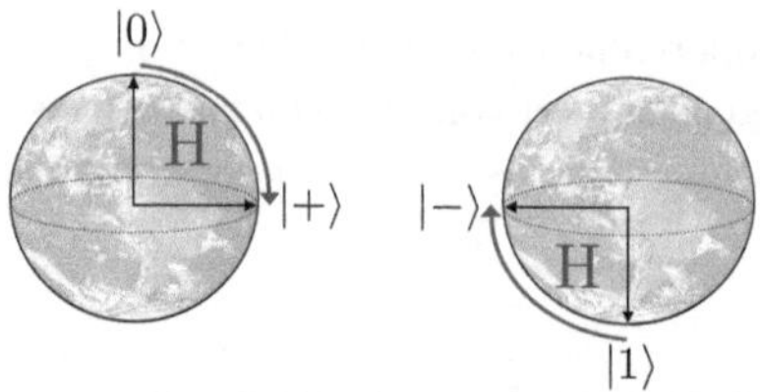

Abb. 3.6 Das Hadamard-Gatter verändert den reinen Qubit-Zustand „Null" oder „Eins" in eine Überlagerung. Auf der Erdkugel entspricht dies einer Drehung um 90° Grad hin zum Äquator. (Quelle: Eigene Darstellung)

Mathematisch lassen sich diese Veränderungen wie folgt ausdrücken

$$|0\rangle \xrightarrow{\text{H}} \frac{1}{\sqrt{2}}(|0\rangle + |1\rangle) = |+\rangle \quad \text{und} \quad |1\rangle \xrightarrow{\text{H}} \frac{1}{\sqrt{2}}(|0\rangle - |1\rangle) = |-\rangle\ .$$

Da diese Gleichungen im Falle langer Quantenalgorithmen schnell unübersichtlich werden, bedient man sich einer graphische Darstellung, bei welcher Qubits wie durch Kabel miteinander verbunden werden. Die Gatter werden dann als Bausteine dazwischen eingefügt (vgl. Abb. 3.7).

Der zweite Baustein für den Algorithmus zur Verschränkung zweier Qubits ist das CNOT-Gatter. Im Gegensatz zum Hadamard-Gatter stellt es ausschließlich Bedingungen an ein Qubit-Paar: Falls Qubit A den Wert $|0\rangle$ besitzt, wird nichts geändert. Falls Qubit A den Wert $|1\rangle$ besitzt, so wird Qubit B umgedreht (Abb. 3.8). Umdrehen bedeutet, dass das Qubit den jeweils gegenteiligen Wert annimmt. Aus „Null" wird „Eins" und umgekehrt.

Die Kombination beider Bausteine erzeugt die Verschränkung zweier Qubits, präziser ausgedrückt den Bell-Zustand $|Q_A, Q_B\rangle = \frac{1}{\sqrt{2}}(|0, 0\rangle + |1, 1\rangle)$ (siehe

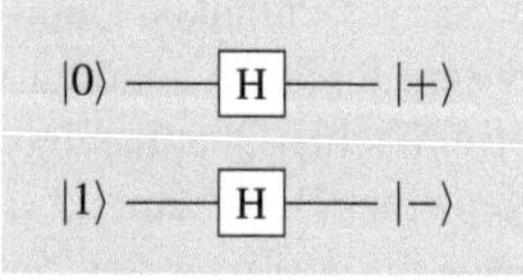

Abb. 3.7 Das Hadamard-Gatter transformiert den reinen Zustand eines Qubits in eine Überlagerung. In der graphischen Darstellung sind die Zustände $|0\rangle$ und $|+\rangle$ bzw. $|1\rangle$ und $|-\rangle$ wie durch Kabel, an denen Gatter angebracht werden können, verbunden. (Quelle: Eigene Darstellung)

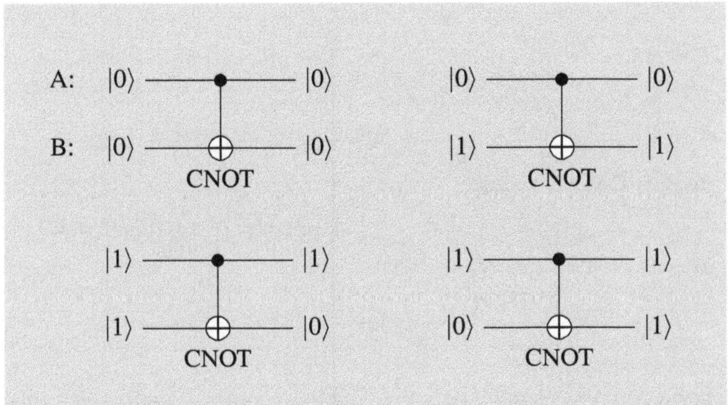

Abb. 3.8 Das CNOT-Gatter führt eine Änderung des Qubits B durch, falls Qubit A den Wert $|1\rangle$ besitzt. (Quelle: Eigene Darstellung)

Abb. 3.9). Zu Beginn sind beide Qubits im Zustand „Null", $|Q_A, Q_B\rangle = |0, 0\rangle$. Das Hadamard-Gatter bringt zunächst eines der Qubits in die Überlagerung $|+\rangle$. Das CNOT-Gatter misst diesen Überlagerungszustand, welcher mit gleicher Wahrscheinlichkeit „Null" oder „Eins" ist. Je nachdem wie „die Würfel fallen", wird der Zustand des zweiten Qubits verändert oder nicht. Daraus ergibt sich schließlich mit gleicher Wahrscheinlichkeit das Qubit-Paar $|Q_A, Q_B\rangle = |0, 0\rangle$ und $|Q_A, Q_B\rangle = |1, 1\rangle$. Es befindet sich also in einer Überlagerung, dem uns bereits bekannten Bell-Zustand $|Q_A, Q_B\rangle = \frac{1}{\sqrt{2}}(|0, 0\rangle + |1, 1\rangle)$.

Beispiel 2: Quantenteleportation
Ein weiteres Anwendungsbeispiel ist die Teleportation von Quanteninformation, was insbesondere für die Quantenverschlüsselung und das Quanteninternet von Bedeutung ist. Das klingt äußerst kompliziert, verlangt jedoch kaum mehr Gatter und Rechenschritte als die Verschränkung zweier Qubits. Teleportation bedeutet hierbei nicht der Transport eines Qubits von einer Stelle zu einer anderen, sondern nur das Übertragen der Information von einem Qubit auf ein anderes. Diese Anwendung ist auf einem normalen Computer mit dem Kopieren einer Datei aus einem Ordner in einen anderen vergleichbar. Nach einem physikalischen Gesetz, dem No-Cloning-Theorem [19], ist es in der Quantenwelt jedoch nicht möglich, den Zustand jedes beliebigen Qubits perfekt auf ein anderes Qubit zu kopieren, ohne das ursprüngliche zu verändern. Das führt aber nicht unbedingt zu Nachteilen. Vielmehr hinterlässt jeder Versuch Qubits zu kopieren Spuren. Ein ungewolltes Abfangen von Information kann so nachvollzogen oder gar verhindert werden. Es

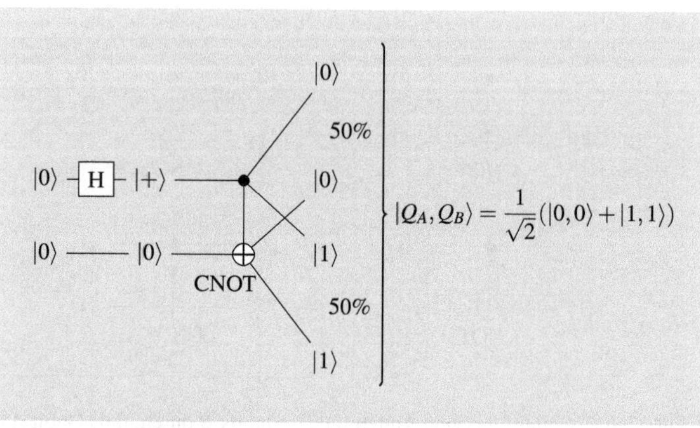

Abb. 3.9 Der verschränkte Bell-Zustand $|Q_A, Q_B\rangle = \frac{1}{\sqrt{2}}(|0, 0\rangle + |1, 1\rangle)$ kann durch Anwenden eines Hadamard- und eines CNOT-Gatters auf den Zustand $|Q_A, Q_B\rangle = |0, 0\rangle$ erzeugt werden. (Quelle: Eigene Darstellung)

liegen daher große Hoffnungen auf der Quantenteleportation, eines Tages robustere Verschlüsselungstechniken zu ermöglichen. Abschn. 4.3 wird darauf noch einen genaueren Blick werfen.

Wir möchten die Quantenteleportation Schritt für Schritt nachvollziehen. Man stelle sich vor, eine Bekannte besitzt das geheime Qubit G mit dem unbekannten Zustand $|Q_G\rangle = \alpha\,|0\rangle + \beta\,|1\rangle$. Dieser Zustand soll teleportiert werden. Praktischerweise besitzen wir ein Qubit, welches den Zustand nun empfängt und ein weiteres, das bei der Übertragung hilft. Beide werden mit dem oben beschriebenen Algorithmus zur Verschränkung zweier Qubits in den Bell-Zustand $|Q_A, Q_B\rangle = \frac{1}{\sqrt{2}}(|0, 0\rangle + |1, 1\rangle)$ überführt (vgl. ① in Abb. 3.10). Das Hilfsqubit A senden wir nun zu unserer Bekannten, wo es durch ein CNOT-Gatter mit dem fremden Qubit interagiert. Dadurch wird unser verbliebenes Qubit B auch mit G verschränkt. Nach einer Hadamard-Transformation misst die Bekannte beide Qubits und wir erhalten einen Anruf mit dem Messergebnis. Da unser Qubit B mit A und G verschränkt war, wissen wir, dass die Messung unseren Qubit-Zustand verändert hat. Mit etwas Mathematik finden wir heraus, dass wir unseren Qubit-Zustand anschließend nur noch ein wenig drehen müssen, um den Zustand des geheimen Qubits zu kopieren. Diese Drehung geschieht mittels eines X- und Z-Gatters, welche lediglich $|0\rangle$ und $|1\rangle$ beziehungsweise $|+\rangle$ und $|-\rangle$ vertauschen (Abb. 3.11). In dem wir den Anweisungen in Tab. 3.1 folgen, schaffen wir es den Zustand des geheimen Qubits G auf

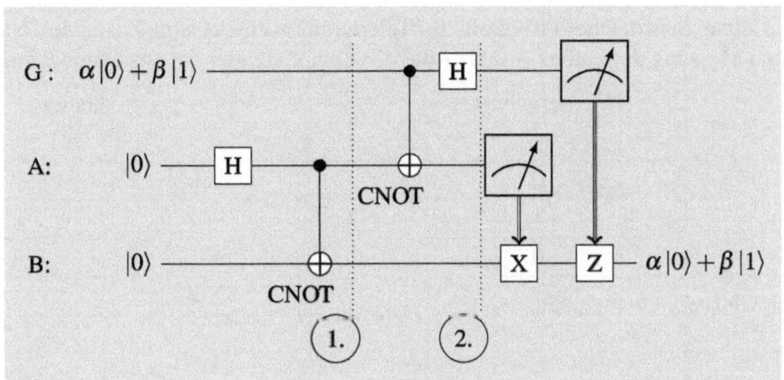

Abb. 3.10 Dieses Protokoll zur Quantenteleportation ist eine Anleitung, um den Qubit-Zustand $|Q_G\rangle = \alpha|0\rangle + \beta|1\rangle$ auf das Qubit B zu übertragen. Hierbei wird zuerst ein verschränktes Bell-Paar erzeugt ① und dieses wiederum mit G verschränkt ②. Nach der Messung, gekennzeichnet durch das Zeigersymbol, wird je nach Messergebnis das X- und/oder Z-Gatter eingesetzt, um den Zustand zu teleportieren (vgl. Tab. 3.1). Als Ergebnis befindet sich das Qubit B im Anfangszustand des geheimen Qubits G. Am Qubit B kann nun der Zustand gemessen und so aufgedeckt werden. (Quelle: Eigene Darstellung)

Abb. 3.11 Das X-Gatter dreht den reinen Zustand $|0\rangle$ und $|1\rangle$ eines Qubits um. Das Z-Gatter hingegen ändert den Überlagerungszustand $|+\rangle$ in $|-\rangle$, oder umgekehrt. (Quelle: Eigene Darstellung)

unser Qubit B zu übertragen. Diese Information wurde so mithilfe der Quantenverschränkung zu uns teleportiert.

Das Messergebnis, welches die Bekannte mitteilte, war hierbei der entscheidende Schlüssel, um die geheime Information des Qubits G zu empfangen. Da diese Art der Teleportation vielseitige Möglichkeiten zur Übertragung, Speicherung und Verarbeitung von Qubits ermöglicht, ist sie ein wichtiger Baustein für jegliche Anwendung von Quantencomputern. Insbesondere neuartige Verschlüsselungsmethoden und das Quanteninternet setzen auf Quantenteleportation. Zudem ist sie für die Korrektur von Fehlern in Qubit-Netzwerken relevant, welches derzeit die

Tab. 3.1 Letzter Schritt eines Protokolls zur Teleportation eines Qubit-Zustandes. Nach einer bestimmten Messung der Qubits A und G werden Quantengatter auf das Qubit B angewandt

Messergebnis		Gatter
A	G	B
0	0	keins
0	1	Z
1	0	X
1	1	X Z

noch größte Herausforderung beim Bau von leistungsstarken Quantencomputern darstellt und im folgenden Kapitel behandelt wird.

Zum Weiterlesen

Weitere Erklärungen zu Quantenalgorithmen, wie beispielsweise dem Groover-Algorithmus zum Durchsuchen großer Datenmengen, kann der Website www.quantencomputer-info.de entnommen werden.

Die Wikipedia-Artikel zu „Bellsche Ungleichung“, „Bell-Zustand“ und „Bloch-Kugel“ sind empfehlenswert, um ein tieferes Verständnis von Überlagerung und Verschränkung zu erlangen.

Eine sehr hilfreiche Lektüre ist in diesem Zusammenhang auch das Buch „Quantum Computing verstehen“ von Matthias Hofmeister.

Als Einstieg in die Philosophie der Quantenmechanik eignet sich sehr gut das Buch „Albert Einstein, Boris Podolsky, Nathan Rosen: Kann die quantenmechanische Beschreibung der physikalischen Realität als vollständig betrachtet werden?“ von Claus Kiefer. Beide Bücher sind ebenfalls im Springer-Verlag erschienen.

Quantencomputer heute und morgen 4

4.1 Die Suche nach der optimalen Hardware

Es gibt unterschiedliche Ansätze, ein Qubit, das Herzstück eines jeden Quantencomputers, physikalisch umzusetzen. Die Anforderungen an Qubits sind dabei immer die gleichen: Sie müssen in ihren Grundzustand zurückgesetzt werden können, ähnlich wie beim Löschen einer Zeile im Taschenrechner. Sie müssen Information speichern und abrufen können. Es muss möglich sein, Gatter auf sie anzuwenden. Das Ergebnis muss durch eine Messung ausgelesen werden können. Selbstverständlich müssen die Qubits den Gesetzen der Quantenmechanik gehorchen und somit nicht nur mindestens zwei unterschiedliche Zustände („Null“ und „Eins“) einnehmen, sondern auch in jede Überlagerung dieser eintreten können.

Ein häufig verwendeter Ansatz zur physikalischen Realisierung von Qubits sind supraleitende Quantenschaltkreise. Das Phänomen der Supraleitung umfasst Materialien, welche unterhalb einer bestimmten Temperatur keinen elektrischen Widerstand besitzen und dadurch Strom verlustfrei leiten. Dafür sind allerdings extrem niedrige Temperaturen notwendig. Typischerweise operieren Supraleiter bei etwas über $-200\,^{\circ}\mathrm{C}$. Diese Temperaturen können im Experiment mithilfe von flüssigem Stickstoff erzielt werden. Es gibt jedoch auch vielversprechende Ansätze für sogenannte Hochtemperatur-Supraleiter. So wurde 2019 am Max-Planck-Institut für Chemie in Mainz ein verlustfreier Leiter bei bereits $-23\,^{\circ}\mathrm{C}$ gefunden – ein neuer Weltrekord [4].

Bei ausreichend niedrigen Temperaturen finden sich in dem supraleitenden Material Elektronen als Paare zusammen. Wird ein Leiter durch einen Isolator getrennt, ist dieser in der Regel undurchlässig für die Elektronen. Es fließt kein Strom. Als Paare können die Elektronen jedoch durch eine Isolator-Trennschicht zwischen zwei Supraleitern hindurch „tunneln“ und es fließt ein Strom [9]. Dieser sogenannte

B. M. Ellerhoff, *Mit Quanten rechnen*, essentials,
https://doi.org/10.1007/978-3-658-31222-0_4

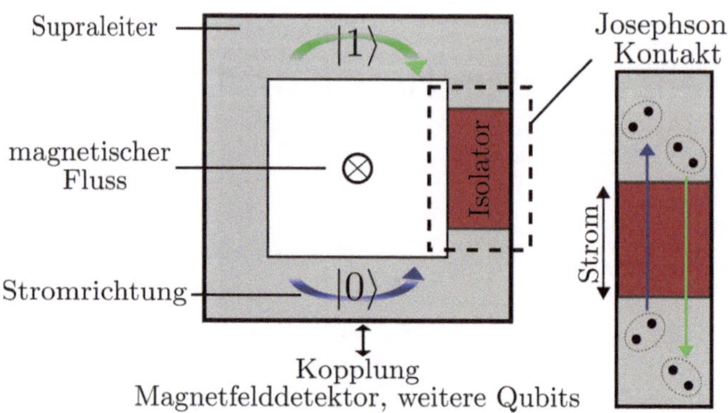

Abb. 4.1 Ein Josephson-Kontakt bildet den Kern supraleitender Qubits. Elektronenpaare können aufgrund des Josephson-Effekts durch die Barriere des Isolators „tunneln" und so einen Stromfluss in beide Richtungen gleichzeitig erzeugen. Mittels Magnetfelder und Mikrowellenstrahlung wird die Information in die Stromrichtung kodiert. So ist der Qubit-Zustand steuer- und auslesbar. (Quelle: Eigene Darstellung)

Josephson-Effekt ist in beide Richtungen des Isolators gleichermaßen möglich und brachte seinem Entdecker Brian D. Josephson 1973 den Physik-Nobelpreis. Der Strom fließt also in beide Richtungen gleichzeitig – ideale Voraussetzungen für ein Qubit. Ein solcher Kontakt, der den Josephson-Effekt ausnützt, wird Josephson-Kontakt genannt.

Ein supraleitendes Qubit (Abb. 4.1) besteht daher typischerweise aus einem supraleitenden Ring mit einem oder mehreren Josephson-Kontakten. Magnetfelder und Mikrowellenstrahlung kontrollieren den Stromfluss, sodass die Zustände „Null" und „Eins" in eine bestimmte Richtung kodiert werden, zum Beispiel $|1\rangle =$ „im Uhrzeigersinn" und $|0\rangle =$ „gegen den Uhrzeigersinn".

Ein einzelnes supraleitendes Qubit macht jedoch noch keinen Quantencomputer. Es wird über elektromagnetische Signale an weitere Qubits und Detektoren gekoppelt. Diese Bauteile finden ähnlich wie bei der klassischen Computerhardware auf einer Platine Platz. Ein großer Vorteil dieser Methode besteht also darin, dass auf bewährte Technologien der Halbleitertechnik zurückgegriffen werden kann.

Eine weitere Technik, um mit Quanten zu rechnen, stellt der Ionenfallen-Quantencomputer dar (Abb 4.2). Ionen sind Atome oder Moleküle, die elektrisch geladen sind. Da Ionen von Natur aus zu den Quantenteilchen zählen, können sie unmittelbar als Qubits fungieren und ihre Eigenschaften zum Rechnen verwendet werden. Dafür ist es zunächst notwendig, die Ionen unter Kontrolle zu brin-

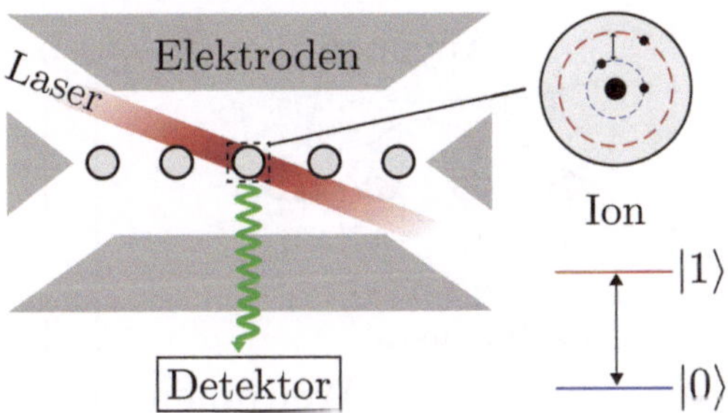

Abb. 4.2 In einem Ionenfallen-Quantencomputer werden Ionen mittels elektrischer Felder festgehalten. Durch Laserpulse kann ihre Energie manipuliert werden. Hier entspricht der angeregte Zustand, bei welchem ein Elektron sich im Mittel weiter entfernt vom Atomkern aufhält, dem Zustand $|1\rangle$. Beim Zerfall in den Grundzustand $|0\rangle$ wird Energie in Form eines Photons frei, welches mit einer Kamera detektiert wird. (Quelle: Eigene Darstellung)

gen. Hierzu werden sie in einer Vakuumkammer eingefangen. Elektroden erzeugen elektrische Felder, welche die Ionen aufgrund ihrer Ladung im Raum festhalten. Während dieses Vorgangs können sie durch das Verfahren der Laserkühlung[1] auf extrem kalte Temperaturen nahe des absoluten Gefrierpunktes von $-273,15\,°\mathrm{C}$ heruntergekühlt werden. Ohne dieses „Schockfrosten" wären sie aufgrund ihrer Eigenbewegung bei Wärme nicht zu kontrollieren. Zuletzt werden die Ionen in der Falle wie auf einer Perlenkette aneinandergereiht und schwingen langsam und kollektiv hin und her. In diesem Zustand können sie für Rechenoperationen genutzt werden. Laserpulse manipulieren ihre Energie: Der energieärmste Zustand entspricht beispielsweise dem Zustand $|0\rangle$. Regt der Laser ein Ion nun energetisch an, geht es in den Zustand $|1\rangle$ über. Physikalisch betrachtet hält sich nun ein Hüllenelektron im Mittel weiter entfernt vom Atomkern auf. Um den Zustand zu messen, wird das Elektron dazu gebracht, unter Aussenden eines Photonen zurück auf eine nähere „Umlaufbahn" zu wechseln. Dieses Fluoreszieren kann mithilfe einer einfachen Kamera detektiert und so der Qubit-Wert bestimmt werden.

Unter den hier besprochenen Kandidaten für zukünftige Quantencomputer findet sich auch ein Exot: Der topologische Quantencomputer [10]. Wie kein anderer schafft er es, die bizarrsten Eigenschaften der Quantenwelt zu nutzen. Seine Qubits bestehen aus Anyonen, welche zu den Quasiteilchen gehören und in zwei Dimensionen (Oberflächen) auftreten. Bei Quasiteilchen handelt es sich um eine Gruppe physikalischer Phänomene, welche sich wie Teilchen verhalten, jedoch keine sind.

[1] Für die Erfindung der Kühlung von Quantenteilchen mittels Laserlicht bekamen Steven Chu, Claude Cohen-Tannoudji und William D. Phillips 1997 den Physik-Nobelpreis.

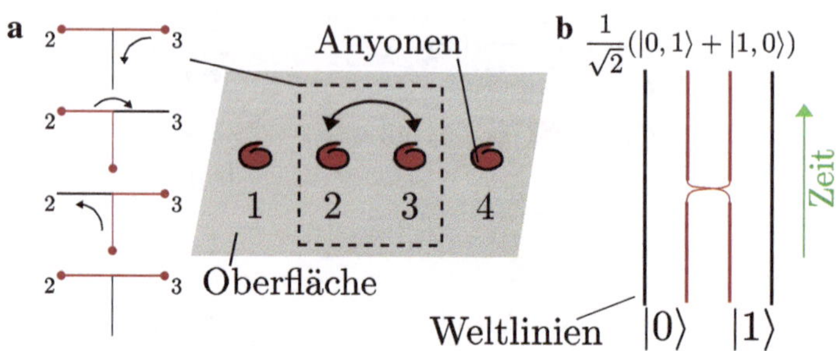

Abb. 4.3 Die Vertauschung von Anyonen verflechtet ihre Weltlinien und stellt dadurch eine Quantenoperation dar. Dies passiert beispielsweise bei dem Transport der Anyonen entlang eines T-förmigen Knotenpunktes (**a**). Die Verflechtung der Anyonen 2 und 3 entspricht hier beispielsweise der Anwendung eines Hadamard-Gatter, welches das Anyonen-Qubit in einen Überlagerungszustand bringt (**b**). (Quelle: Eigene Darstellung)

Sie gehen oft aus den kollektiven Anregungen eines Materials und den gemeinsamen Eigenschaften vieler Quantenteilchen hervor. Sie können beispielsweise Löcher in Kristallgittern oder Schwingungen in Festkörpern beschreiben und sind dadurch oft mit der Topologie, den geometrischen Eigenschaften der Materie, verbunden. Auch die Elektronen-Paare aus dem oben behandelten Beispiel der supraleitenden Qubits sind Quasiteilchen, da sie einen gebundenen Zustand mehrerer Teilchen darstellen, der sich dennoch wie ein einzelnes Teilchen verhält.

Anyonen stechen aus den Quasiteilchen aufgrund ihrer besonderen Eigenschaft heraus: Ihr Quantenzustand verrät etwas über den Verlauf ihrer jüngsten Wechselwirkungen. Das liegt daran, dass ihre Weltlinien sich bei Interaktion mit anderen Teilchen verflechten. Weltlinien sind Pfade, die dokumentieren, wie sich das Teilchen in Raum und Zeit bewegt. Anyonen „merken" sich genau, wie diese Verflechtung stattgefunden hat. Dies bedeutet, dass sie ganz nebenbei Informationen über die vergangenen Rechenschritte mitliefern. Dieses „Gedächtnis" kann sehr praktisch sein, um Fehler zu detektieren und deren Ausbreitung zu verhindern. Die bessere Kontrolle und Korrektur von natürlich auftretenden Fehlern gilt als einer der Meilensteine hin zur Nutzbarmachung von Quantencomputern und wird im folgenden Abschn. 4.2 genauer betrachtet. Eine weiterer Vorteil der Weltlinien-Verflechtung ist, dass Störungen den Zustand der Anyonen nicht ändern, es sei denn, sie sind stark genug, um neue Weltlinien zu erzeugen, was selten ist. Doch wie kann eine solche Verflechtung stattfinden?

Man stelle sich beispielsweise einen T-förmigen Knotenpunkt aus Nanokabeln (Abb. 4.3) vor. Am Ende dieser supraleitendem Nanokabel sitzen Anyonen. Mittels elektrischer Felder können diese um den Knotenpunkt herum wandern. Diese räumlichen (topologischen) Veränderungen können als Quantengatter verstanden werden. Das gezielte Verändern der Weltlinien kodiert die Information in die Anyonen.

Topologische Quantencomputer stehen im Vergleich zu den zuvor beschriebenen Techniken noch ganz am Anfang. Das theoretische Verständnis von Anyonen ist so neu und die Idee, sie zum Rechnen zu verwenden so exotisch, dass noch nicht auf eine große Forschungsexpertise zurückgegriffen werden kann. Dennoch bleiben topologische Quantencomputer äußerst vielversprechend. Da die Verflechtung alle Rechenschritte „dokumentiert", könnte es mit dieser Technik leichter fallen, Fehler zu detektieren und zu korrigieren. Sie könnte damit die große Herausforderung einer effiziente Fehlerkorrektur meistern und die Entwicklung von fehlertoleranten Quantencomputer entscheidend voranbringen.

Zum Weiterlesen

Die Technik der Ionen-Fallen-Quantencomputer wird seit Jahren federführend am Institut für Quantenoptik und Quanteninformation (IQOQI) der Österreichischen Akademie der Wissenschaften vorangetrieben [5].

Eine anschauliche Erklärung zu topologischen Quantencomputern findet sich in *Spektrum Kompakt: Quantentechnologien – Auf dem Weg zur Anwendung (2018).* Hier wird auch besprochen, weshalb bei der Realisierung eines topologischen Quantencomputers häufig eine bestimmte Klasse an Anyonen, sogenannte Majorana-Fermionen, verwendet werden – ein interessante Gruppe von Teilchen, da sie ihre eigenen Antiteilchen darstellen.

In ihren Preisträgerreden erklären die Nobelpreisträger William D. Phillips und Brian D. Josephson die Erfindung der Laserkühlung und die Entdeckung des Josephson-Effekts. Sie sind unter https://www.nobelprize.org/prizes/physics/ zu finden.

4.2 Das Problem der Dekohärenz

Einerseits ermöglicht der kontrollierte Einsatz von Verschränkung das enorme Leistungsvermögen von Quantencomputern. Durch die enge Verknüpfung der Qubits lässt sich besonders effizient rechnen. Andererseits setzen sich auch Fehler umso schneller fort und nicht selten sind Qubits anfällig für Störungen, durch welche ihr Zustand geändert wird. Mit den Worten der Musik gesprochen, liegt das ein oder andere Instrument der Quanten-Bigband also mal daneben. Die falschen Töne lassen nicht nur den Gesamtklang schräg klingen, sondern bringen auch andere

Band-Mitglieder aus dem Spiel. Die wohlklingende Harmonie eines perfekt zusammengesetzten Orchesters ist dadurch verschwunden.

Wenn in einem Quantencomputer ein „Verspieler" auftritt, so lässt sich dieser Fehler häufig einem Phasen- oder Bitflip zuordnen. Während sich beim Bitflip der Zustand ins Gegenteil umkehrt (z. B. $|0\rangle \rightarrow |1\rangle$), ändert der Phasenflip das Vorzeichen (z. B. $\alpha\,|0\rangle + \beta\,|1\rangle \rightarrow \alpha\,|0\rangle - \beta\,|1\rangle$). Bezogen auf unsere Metapher der Erdkugel, vertauschen Bitflips Norden und Süden und Phasenflips Westen und Osten. Zudem können Amplitudenfehler auftreten, bei welchen sich die absoluten Werte der Faktoren α und β ändern, sodass der Pfeil nicht mehr bis zur Oberfläche der Erdkugel reicht, sondern im Erdinnern endet. Aufgrund dieser Zustandsänderung verliert das Qubit seine ursprüngliche Information und der einstige Vorteil durch Überlagerung und Verschränkung ist verschwunden. Dieses Problem, genannt Dekohärenz, stellt die derzeit größte Hürde bei der Weiterentwicklung von einfachen Quantencomputern hin zu leistungsfähigen Rechenmaschinen dar.

Wie im vorherigen Kapitel besprochen, sind Quantenteilchen erst unter speziellen Bedingungen, wie extrem kalten Temperaturen, zu kontrollieren. Dies bedeutet jedoch auch, dass winzige Änderung der Umgebung zu einem Verlust von Kontrolle führen. Elektrische und magnetische Störsignale, ein unzureichendes Vakuum, Temperaturschwankungen oder Vibrationen genügen, um Qubit-Zustände zu ändern und Verschränkung zu zerstören – Dekohärenz tritt auf. Selbstverständlich arbeiten heutige Forschungsgruppen mit Hochdruck an der Konstruktion stabiler Qubits mit möglichst langlebigen Zuständen. Die Häufigkeit von Fehlern kann so reduziert werden, vermeiden lassen sie sich bisher aber nicht. Das liegt daran, dass Qubits nicht gänzlich von der Außenwelt abgeschirmt werden können. Um mit ihnen zu rechnen, muss spätestens bei der Messung ein Informationsaustausch mit der Umgebung stattfinden.

Je mehr Qubits zu einem Quantencomputer hinzugefügt werden, desto eher tritt Dekohärenz auf. Lange Zeit galt der Quantencomputer daher als technisch nicht umsetzbar. Schließlich können Qubits nicht einfach gemessen werden, um festzustellen, ob sie fehlerhaft sind. Mit einer genialen Idee fand der Physiker Peter Shor 1994 eine Lösung für dieses Problem [17]. Er berechnete, wie mithilfe von Codes Qubit-Zustände effektiv repariert werden können. Das Aufatmen unter Physikerinnen und Physikern war groß und gab neuen Schwung für die Erforschung weiterer Korrekturverfahren. Als ein probates Mittel stellte sich dabei heraus, das potentiell fehlerhafte Qubit mit weiteren Hilfsqubits zu verschränken. Hilfsqubits sind dadurch in der Lage, den anfänglichen Zustand des Qubits zu beschreiben und können mit diesem verglichen werden, um Fehler zu detektieren (Abb. 4.4). Das Feststellen des Fehlertyps (Bitflip, Phasenflip oder Amplitudenfehler) sowie dessen Korrektur erfordert jedoch weitere Schritte. Der Code in Abb. 4.5 zeigt, wie ein Qubit gegenüber eines Bitflip mithilfe von vier weiteren Qubits abgesichert werden kann. Dieses Beispiel verdeutlicht bereits den hohen Preis vieler Fehlerkorrekturverfahren: Mit steigender Anzahl an Qubits nimmt die Komplexität der Rechenarchitektur und damit die Fehleranfälligkeit des Systems zu.

Auf dem Papier könnte ein Quantencomputer mit circa 50 Qubits heutige Supercomputer an Leistungsfähigkeit überbieten. Dies gestaltet sich in der Praxis schwierig. Die meisten Forschungsgruppen und Unternehmen kontrollieren noch weitaus weniger Qubits. Ein Meilenstein ist im vergangenen Jahr dem Internetgiganten Google mit seinem 53-Qubit Chip „Sycamore" geglückt [1] (Abb. 4.6). Er löste eine ganz bestimmte Aufgabe schneller als heutige Superrechner. Die Frage, ob damit bereits die technische Überlegenheit von Quantencomputer bewiesen wurde, wird seither diskutiert [16]. Das ferne Ziel, robuste und universelle Quantenrechner, die beliebige Aufgaben lösen können, zu konstruieren, wird weitere Anstrengung hinsichtlich Qubit-Anzahl und den Softwarelösungen zur Fehlerkorrektur verlangen. Viele Expertinnen und Experten können sich vorstellen, dass mittelgroße Systeme mit circa 100 Qubits im nächsten Jahrzehnt realisiert werden. Neuartige Fehlerkorrek-

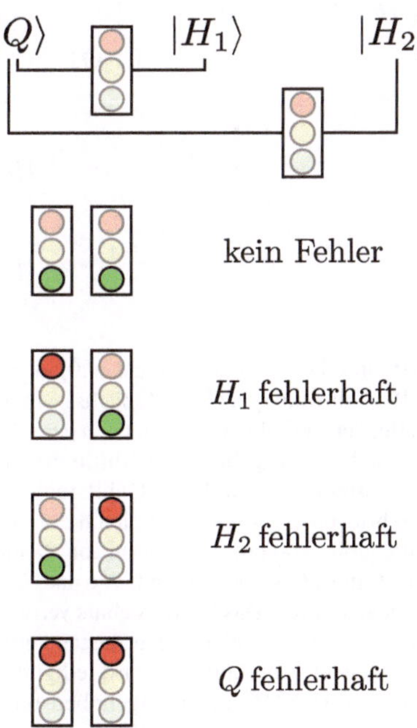

Abb. 4.4 Funktionsprinzip zur Identifizierung von fehlerhaften Qubits: Initial tragen alle drei Qubits den gleichen Zustand. Nach einer potentiellen Störung wird verglichen, ob die Qubits noch denselben Wert besitzen. Eine grüne Ampel zeigt, dass die Qubit-Zustände gleich sind, eine rote Ampel bedeutet, dass sie abweichen. Dieses Muster verrät, wo sich der Fehler befindet. (Quelle: Eigene Darstellung)

turverfahren und Quantencomputertypen, wie der topologische Quantencomputer, lassen weitere Fortschritte auf dem Feld erwarten.

Die Eindämmung von Dekohärenz und die effektive Korrektur von Fehlern stellt Forschende vor eine außerordentlichen Aufgabe. Es mindert jedoch nicht die weltweiten Anstrengungen zur Weiterentwickelung von Quantencomputern. Im Gegenteil: Sollte es gelingen, diese Probleme zu lösen, könnten Quantencomputer eines Tages tatsächlich für viele Rechenaufgaben einen exponentiellen Vorsprung an Rechenleistung liefern. Was man sich von diesem Durchbruch erhoffen und wie der Einsatz von Quantencomputer in Zukunft aussehen könnte, behandelt der abschließende Abschnitt.

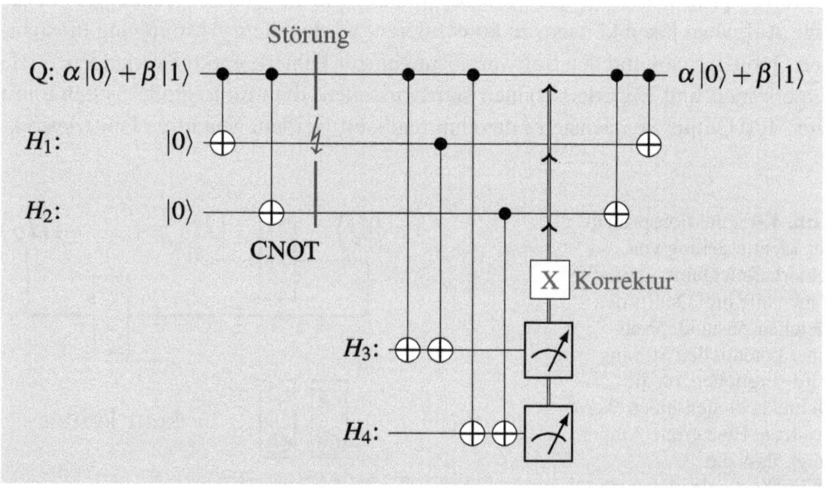

Abb. 4.5 Der Quantenzustand $\alpha\,|0\rangle + \beta\,|1\rangle$ wird robust gegenüber eines Bitflip mittels vier Hilfsqubit weitergegeben. Zunächst wird das Qubit Q mit den H_1 und H_2 durch zwei CNOT-Gatter verschränkt. Sie sind jetzt in dem Zustand $\alpha\,|0, 0, 0\rangle + \beta\,|1, 1, 1\rangle$. Nun tritt eine Störung auf, sodass ein Qubit einen Bitflip erfährt und sich sein Zustand in $\alpha\,|1\rangle + \beta\,|0\rangle$ umdreht. Um festzustellen, welches Qubit fehlerhaft ist, führen vier CNOT-Gatter den in Abb. 4.4 beschriebenen „Ampel"-Vergleich durch. Das Ergebnis des Vergleichs wird in zwei weitere Hilfsqubits kodiert. H_3 gibt an, ob Q und H_1 den gleichen Zustand tragen und H_4 zeigt, ob Q und H_2 identisch sind. H_3 und H_4 können nun gemessen werden, ohne das System erneut zu stören. Das Messergebnis verrät, welches Qubit fehlerhaft ist. Eine Korrektur mittels eines X-Gatters, welches den Zustand erneut umdreht, wird gezielt auf das fehlerhafte Qubit angewendet. Anschließend wird lediglich die Verschränkung der drei Qubits Q, H_1 und H_2 durch zwei CNOT-Gatter aufgehoben, um die Anfangszustände wieder herzustellen. (Quelle: Eigene Darstellung nach [18])

Abb. 4.6 Der „Sycamore“-Chip stellt das wichtigste Bauteil der neusten Quantencomputer-Generation der Firma Google dar. (Quelle: Google LLC.)

4.3 Die Zukunft des Quantenrechnens

Wer denkt bei dem Wort „Computer“ nicht an einen handelsüblichen Laptop? Manche haben vielleicht auch das Bild eines standhaften PCs mit Monitor vor Augen. Oder ein Tablet. Die wenigsten werden jedoch zuerst an riesige, gekühlten Hallen mit kühlschrankähnlichen Apparaten denken – heutige Superrechenzentren. Dies liegt daran, dass Laptops, PCs und Tablets für die alltägliche Nutzung konzipiert wurden. Mit ihnen können Dokumente bearbeitet, Videos geschnitten oder Präsentationen erstellt werden.

Hochkomplexe Aufgaben, wie beispielsweise die automatische Auswertung tausender Bilder, zwingen sie jedoch in die Knie. Speicher und Rechenleistung reichen hierfür nicht aus. Daher werden diese Aufgaben auf große Server ausgelagert. Das Internet und Cloud-Computing machen es möglich, sie von einem Rechenzentrum am anderen Ende der Welt lösen zu lassen. Diese enormen Rechenkapazitäten werden immer stärker nachgefragt, da in Zeiten von Digitalisierung, Big Data und künstlicher Intelligenz mehr Daten produziert und verarbeitet werden.

Doch auch die Leistung heutiger Supercomputer ist begrenzt. Sie können nicht jedes Problem lösen. Für manche Aufgaben, wie etwa das Entschlüsseln großer Molekülstrukturen, benötigen sie schlichtweg zu lange. Hier kommt der Quantencomputer ins Spiel. Welche Fragen könnte der Quantencomputer in naher Zukunft durch seine erhöhte Rechengeschwindigkeit beantworten? Welche Errungenschaften könnten damit einhergehen? Und was gibt es hinsichtlich IT-Sicherheit zu beachten?

Experimente legen nahe, dass zu den Anwendungen der ersten Stunde das Lösen von Quantenproblemen selbst zählt. Prozesse, an denen Quantenteilchen beteiligt sind, ähneln den Rechenvorgängen in Quantencomputern und können dadurch simuliert werden. Die Grundlagenforschung setzt vermehrt darauf, bestimmte Fragestellungen nicht mehr aufwendig auf klassischen Rechnern zu simulieren, sondern stattdessen dem Quantencomputer einfach beim Arbeiten zuzuschauen – ein neues Forschungsgebiet der Quantensimulation entstand. Noch unverstandene Prozesse aus der Teilchenphysik, wie beispielsweise die Erzeugung von Materie aus Licht im sogenannten Schwinger-Prozess, werden bereits untersucht [11]. Ebenso könnten in naher Zukunft chemische Reaktionen oder die Eigenschaften von Molekülen simuliert werden. So konnte eine Innsbrucker Forschungsgruppe mithilfe eines Quantencomputers die Energie von molekularem Wasserstoff berechnen [6]. Sollte es gelingen, derartige Berechnungen für komplexere Moleküle oder gar Materialien durchzuführen, hätte dies viele Vorteile. Die Erforschung neuer Medikamente und Impfstoffe sowie effizientere Batterien und Solarzellen könnte erleichtert werden. Die Entdeckung besserer Katalysatoren, die chemische Reaktionen unter geringem Energieaufwand steuern können, wäre nicht nur für die Industrie sondern auch für die Umwelt interessant. Vor dem Hintergrund der globalen Klimakrise wird mit Hochdruck nach chemischen Verfahren gesucht, die CO_2 effektiv aus der Atmosphäre entfernen und in festem Kohlenstoff (C) binden können.

Eine weitere naheliegende Anwendungen von Quantencomputern ist die Auswertung großer Datenmengen. Dank ihrer Fähigkeit zum gleichzeitigen Testen mehrerer Lösungswege eignen sie sich zum Finden einer optimale Lösungen aus zahlreichen Möglichkeiten besonders gut. Beispiele stellen die Optimierung von Verkehrssteuerung oder das Entschlüsseln von Genomen in der biologischen Forschung dar. Ein weiteres Anwendungsgebiet liegt in der Astronomie, wo unzählige Bilder und Signale zum Erforschen von dunkler Materie ausgewertet werden. Mit dem Aufkommen der künstlichen Intelligenz und der Digitalisierung vieler Bereiche wird es auch in Zukunft sicherlich nicht an großen Datenmengen fehlen, die Quantencomputer analysieren könnten.

Noch komplizierter als das Auswerten vieler Daten ist das Treffen verlässlicher Vorhersagen auf deren Grundlage. Eines Tages könnten Quantencomputer eventuell gar Prognosen von Kursentwicklungen am Finanzmarkt liefern oder bei der Modellierung von Wetter und Klima eine Rolle spielen.

In der Diskussion um den Nutzen von Quantencomputern, sind häufig neuartige Ver- und Entschlüsselungsverfahren und ihre Auswirkung auf die Sicherheit von Datenströmen ein zentrales Thema. Emails, Kreditkartenzahlungen oder elektronische Akten werden heute zumeist mit dem sogenannten Public-Key-Verfahren verschlüsselt. Es basiert auf der Multiplikation langer Primzahlen. Wählt man zwei

Primzahlen, ist ihr Produkt schnell berechnet. Ist allerdings nur das Produkt bekannt, so ist es fast unmöglich die einzelnen Faktoren zu erraten. Präziser ausgedrückt bräuchten heutige Computer Jahrzehnte dafür. Ein Aufwand, der keinen Hack Wert ist!

Quantencomputer haben jedoch das Potential zum Code-Knacken. Schätzungen gehen davon aus, dass wenige Tausend bis eine Millionen Qubits benötigt werden, um diese Art der Verschlüsselung in hinreichend kurzer Zeit zu knacken. Auch wenn dieses Szenario vermutlich noch weit in der Zukunft liegt, ist ein IT-Wettstreit um die Sicherheit unserer Kommunikation entfacht. Erste Alternativen zum Public-Key-Verfahren wurden entwickelt und gelten als vorerst „quantensicher“. Dies bedeutet jedoch nur, dass bis heute kein für den Quantencomputer zugeschnittener Code bekannt ist, der sie knacken könnte.

Quantencomputer können jedoch nicht nur Informationen entschlüsseln, sondern vor allem auch zur Verschlüsselung genutzt werden. Denn was macht eine abhörsichere Kommunikation aus? Zum einen, dass der Angriff erfolglos bleibt. Zum anderen, dass die Empfängerin oder der Empfänger sich sicher sein kann, dass sie/er nicht abgehört wurde. Beides vereint die Quantenkryptografie: Da die Nachricht in Quantenzustände kodiert ist, wird sie bei einer Störung in Form eines Lauschangriffs vernichtet. Kommt sie also an, steht fest, dass sie nicht abgehört wurde. Die Quantenkryptografie gilt daher als absolut abhörsicher.

Abb. 4.7 Das „IBM Q System One“ ist einer der modernsten Quantencomputer. Die Firma IBM stellt einiger ihrer Modelle der Industrie und Forschung zur Verfügung. Aber auch ein Jeder oder eine Jede kann online auf diese Maschinen zugreifen, erste Rechenexperimente durchführen und so das Programmieren auf Quantencomputern erlernen. (Quelle: IBM)

Manche Anwendungsmöglichkeiten von Quantenrechnern sind aus heutiger Sicht noch gar nicht abzusehen und müssen erst noch entdeckt werden. Erste Quantencomputer-Prototypen mit bis zu 20 Qubits stehen online zur Verfügung, sodass sich Industrie und Forschung ausprobieren können (Abb. 4.7).

Einen Quantencomputer werden wir demnächst also nicht wie ein Smartphone in der Hosentasche mit uns herumtragen. Auch werden wir ihn nicht wie einen Laptop in unserem Alltag verwenden. Stattdessen hat er das Potential, die wirklich „harten Nüsse" unter den Forschungsfragen zu knacken. Errungenschaften sind insbesondere in der Grundlagenforschung, bei der Entwicklung von Impfstoffen und Medikamenten, der Effizienz von industriellen Verfahren sowie der digitalen Kommunikation zu erwarten. Auch wenn vermutlich noch Jahre bis zu einem universellen, fehlertoleranten Quantencomputer vergehen werden, bahnt sich bereits jetzt eine zweite Revolution auf dem Gebiet der Quantentechnologie an. Wir dürfen gespannt sein, welche Überraschungen die faszinierende Welt der Quanten noch für uns bereit hält.

5 Zusammenfassung

Das enorme Rechenpotential von Quantencomputern, welches dieses Büchlein zu ergründen und erklären versucht, liegt versteckt in seinen kleinsten Komponenten, den Qubits. Sie können auf unterschiedliche Art und Weise physikalisch realisiert werden, beispielsweise durch Ionen, Supraleiter oder Anyonen. Die Phänomene der Verschränkung und Überlagerung erlauben den Qubits blitzschnell miteinander zu interagieren und Informationen zu teilen. Quantengatter und -algorithmen steuern diese Vorgänge und wenden sie geschickt an, um Rechenaufgaben zu lösen. Mit zunehmender Anzahl an Qubits steigt jedoch nicht nur das Leistungsvermögen, sondern auch die Fehleranfälligkeit von Quantencomputern. Die Entwicklung fehlertoleranter Hardware und effizienter Korrekturverfahren ist die derzeit größte Herausforderung auf dem Weg zu universell anwendbaren Quantencomputern.

Sollten in Zukunft Quantencomputer in der Lage sein, die vorhandenen Superrechenzentren in vielerlei Hinsicht zu übertrumpfen, käme ihnen eine herausragende Bedeutung bei der Erforschung komplizierter Fragestellungen zu. Damit haben sie das Potential, viele Bereiche der Forschung, Industrie, Wirtschaft und Gesellschaft zu prägen und sich in die Vielzahl an revolutionären Errungenschaften der Quantenmechanik einzureihen.

B. M. Ellerhoff, *Mit Quanten rechnen*, essentials,
https://doi.org/10.1007/978-3-658-31222-0_5

Was Sie aus diesem *essential* mitnehmen können

- Die grundlegenden Unterschiede zwischen Quantencomputern und herkömmlichen Rechnern
- Erklärungen zu Quantenverschränkung und -überlagerung
- Quantenalgorithmen zur Verschränkung und Teleportation von Qubit-Zuständen
- Einen Überblick über den aktuellen Stand der Technik
- Die Funktionsweise von Fehlerkorrekturverfahren
- Probleme, die von Quantencomputer in Zukunft gelöst werden könnten

B. M. Ellerhoff, *Mit Quanten rechnen*, essentials,
https://doi.org/10.1007/978-3-658-31222-0

Glossar

Algorithmus Abfolge von Rechenschritten, welche zur Lösung einer bestimmten Aufgabe durch Prozessoren verarbeitet wird.

Anyon Eine Sorte von Quasiteilchen, welche in zwei Dimensionen existiert.

Dekohärenz Beschreibt das Phänomen, dass die quantenmechanische Überlagerung von Zuständen, zum Beispiel durch äußere Störungen, verloren gehen kann.

Elektrode Elektrischer Leiter, der den Ladungsaustausch zwischen zwei Medien ermöglicht (Chemie) oder ein elektrisches Feld erzeugt (Physik).

Gatter Elementare Operationen zur Veränderung von Informationseinheiten (Bits/Quantenbits).

Ion Elektrisch geladenes Atom oder Molekül.

Josephson-Effekt Tunneln von quantenmechanischen Ladungsträgern durch eine Trennschicht zwischen zwei Supraleitern.

Supercomputer Hochleistungsrechner, die durch ihre Bauweise, Anzahl an Prozessoren und ihre Leistungsfähigkeit herausstechen.

Supraleiter transportieren Strom widerstandslos.

Topologie Lehre von der Lage und Anordnung geometrischer Gebilde im Raum.

Quantenbit (Qubit) Kleinstmögliche Informationseinheit in quantenmechanischen Systemen.

Quantencomputer Gerät zur Datenverarbeitung, welches auf den Gesetzen der Quantenmechanik beruht.

Quanteninternet Netzwerk aus Quanteninformationsträgern, das mit der Struktur des Internets verglichen werden kann, jedoch noch nicht realisiert wurde.

Quantenteleportation Übertragung von Information in Form von Quantenzuständen.

Quasiteilchen Anregungen in Quanten-Vielteilchensystemen, welche durch kollektive Eigenschaften mehrere Teilchen zustande kommen und die Charakteristik einzelner Quantenteilchen besitzen.

B. M. Ellerhoff, *Mit Quanten rechnen*, essentials,
https://doi.org/10.1007/978-3-658-31222-0

Überlagerung (Superposition) Addition der Einzelzustände von Quantenteilchen zu einem Gesamtzustand.

Verschränkung beschreibt den Zustand mehrere Quantenteilchen als ein Ganzes, welches nicht in Einzelzustände der jeweiligen Teilchen zerlegt werden kann.

Weltlinie Pfad in den Dimensionen von Raum und Zeit nach Einstein's Relativitätstheorie.

Literatur

1. Arute, F. et al.: Quantum supremacy using a programmable superconducting processor. Nature **574**, 505–510 (2019). https://doi.org/10.1038/s41586-019-1666-5
2. Bell, J. S.: On the Einstein Podolsky Rosen paradox. Physics Physique Fizika (1964). https://doi.org/10.1103/PhysicsPhysiqueFizika.1.195
3. Bell, J.S.: Speakable and Unspeakable in Quantum Mechanics: Collected Papers on Quantum Philosophy. Cambridge University Press (2004)
4. Drozdov, A.P. et al.: Superconductivity at 250 K in lanthanum hydride under high pressures. Nature **569**, 528–531 (2019). https://doi.org/10.1038/s41586-019-1201-8
5. Georgescu, I.: Trapped ion quantum computing turns 25. Nature Review Physics 2, **278** (2020). https://doi.org/10.1038/s42254-020-0189-1
6. Hempel, C. et al.: Quantum Chemistry Calculations on a Trapped-Ion Quantum Simulator. Physical Review X **8**, 031022 (2018). https://doi.org/10.1103/PhysRevX.8.031022
7. Heusler, S., Dür, W.: Was man vom einzelnen Qubit über Quantenphysik lernen kann. PhyDid-A **1/11**, 1–16 (2012)
8. Jönsson, C.: Elektroneninterferenzen an mehreren künstlich hergestellten Feinspalten. Z. Physik **161**, 454–474 (1961). https://doi.org/10.1007/BF01342460
9. Josephson, B. D.: Possible new effects in superconductive tunnelling. Physics Letters Bd. 1 **Nr. 7**, 51-253 (1962). https://doi.org/10.1016/0031-9163(62)91369-0.
10. Kitaev, A. Y.: Fault-tolerant quantum computation by anyons. Annals of Physics, **303**, 2-30 (1997). arXiv:quant-ph/9707021
11. Kokail, C. et al.: Self-verifying variational quantum simulation of lattice models. Nature **569**, 355–360 (2019). https://doi.org/10.1038/s41586-019-1177-4
12. Lierta, A.C., Demarie, T., Munro, E.: Quantum computation: a journey on the Bloch sphere. Quantum world association (2018). https://medium.com/@quantum_wa. Zitiert am 01 Nov 2019
13. Mack, C.: Fifty Years of Moore's Law. IEEE Transactions on Semiconductor Manufacturing (2011). https://doi.org/10.1109/TSM.2010.2096437
14. Moore, G. E.: Cramming More Components Onto Integrated Circuits. Proceedings of the IEEE (1998). https://doi.org/10.1109/JPROC.1998.658762
15. Münster, G.: (K)eine klassische Karriere? Physik Journal 19, **Nr. 6**, (2020)
16. Pednault, E.et al.: Leveraging Secondary Storage to Simulate Deep 54-qubit Sycamore Circuits (2019). arXiv:1910.09534v2

B. M. Ellerhoff, *Mit Quanten rechnen*, essentials,
https://doi.org/10.1007/978-3-658-31222-0

17. Shor, P. W.: Algorithms for quantum computation: discrete logarithms and factoring. Proceedings 35th Annual Symposium on Foundations of Computer Science, 124-134 (1994). https://doi.org/10.1109/SFCS.1994.365700.
18. Steane, A. M.: A tutorial on quantum error correction. Proceedings of the International School of Physics „Enrico Fermi". (2006) https://doi.org/10.3254/1-58603-660-2-1
19. Wootters, W., Zurek, W.: A single quantum cannot be cloned. Nature **299**, 802–803 (1982). https://doi.org/10.1038/299802a0
20. Yin, J. et al.: Satellite-based entanglement distribution over 1200 kilometers. Science **356**, 1140–1144 (2017). https://doi.org/10.1126/science.aan3211